TIBURONES TORO

Julie K. Lundgren
Traducción de Sophia Barba-Heredia

Un libro de El Semillero de Crabtree

ÍNDICE

CRABTREE
Publishing Company
www.crabtreebooks.com

Apoyos de la escuela a los hogares para cuidadores y maestros

Este libro ayuda a los niños en su desarrollo al permitirles practicar la lectura. Abajo están algunas preguntas guía para ayudar al lector a fortalecer sus habilidades de comprensión. En rojo hay algunas opciones de respuesta.

Antes de leer:

- ¿De qué pienso que tratará este libro?
    - *Pienso que este libro es sobre tiburones toro.*
    - *Pienso que los tiburones toro son muy grandes.*
- ¿Qué quiero aprender sobre este tema?
    - *Quiero aprender por qué los tiburones muerden a las personas.*
    - *Quiero aprender sobre el tamaño de los tiburones toro.*

Durante la lectura:

- Me pregunto por qué...
    - *Me pregunto por qué los tiburones toro cazan de día y de noche.*
    - *Me pregunto por qué las rémoras mantienen limpio al tiburón toro.*
- ¿Qué he aprendido hasta ahora?
    - *Aprendí que los tiburones toro pueden vivir en agua dulce y agua salada.*
    - *Aprendí que la mayoría de los tiburones toro viven en agua salada cerca de la tierra.*

Después de la lectura:

- ¿Qué detalles aprendí de este tema?
    - *Aprendí que el agua dulce de los ríos y lagos no es salada como la de los océanos.*
    - *Aprendí que los tiburones toro bebés son llamados crías.*
- Lee el libro de nuevo y busca las palabras del glosario.
    - *Veo la palabra* ***fornidos*** *en la página 8 y la palabra* ***rémoras*** *en la página 16. Las demás palabras del vocabulario están en las páginas 22 y 23.*

TIBURONES TORO

¡Mastica! ¡Muerde! ¡Rompe!

El hambriento tiburón toro caza día y noche.

Los tiburones toro comen peces y **rayas**.

DESDE LOS ARCHIVOS

Los tiburones tienen filas de **dientes** filosos.

Los tiburones toro son
fornidos como toros.

DESDE LOS ARCHIVOS

Sus bebés son llamados crías.

Los tiburones toro pesan entre 200 y 500 libras (90 y 227 kg).

Viven en **agua salada** cerca de la tierra.

A diferencia de la mayoría de los tiburones, pueden vivir también en **agua dulce**.

Las **rémoras** mantienen limpios a los tiburones toro.

Las rémoras se comen los trozos de comida adheridos al cuerpo del tiburón.

Después de la limpieza, los tiburones toro regresan a la cacería.

GLOSARIO

agua dulce: El agua dulce de los ríos y lagos no es salada como la de los océanos.

agua salada: El agua salada es la que llena los océanos de la Tierra.

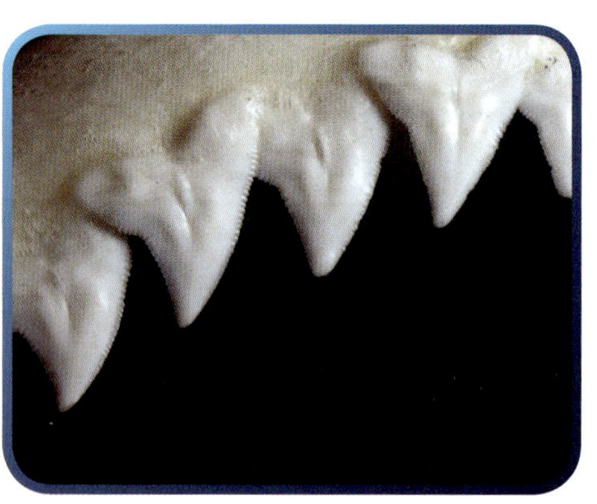

dientes: Los dientes son las partes blancas y huesudas dentro de la boca, son usados para morder y masticar.

fornidos: Los animales fornidos tienen cuerpos gruesos y amplios.

rayas: Las rayas son animales del océano con ondeantes y amplias aletas para nadar. Tienen colas largas y delgadas.

rémoras: Las rémoras son peces que limpian las sobras y trozos de comida adheridos al tiburón.

Índice analítico

Acerca de la autora

Julie K. Lundgren

Julie K. Lundgren creció cerca del Lago Superior, donde se divertía jugando en el bosque, recogiendo moras y expandiendo su colección de rocas. Sus intereses la llevaron a hacer una carrera en Biología. Vive en Minnesota con su familia.

Sitios web (páginas en inglés):

https://kids.nationalgeographic.com/animals/fish/bull-shark

https://easyscienceforkids.com/all-about-sharks

Written by: Julie K. Lundgren
Designed by: Jennifer Dydyk
Edited by: Kelli Hicks
Proofreader: Melissa Boyce
Translation to Spanish: Sophia Barba-Heredia
Spanish-language layout and proofread: Base Tres
Print and production coordinator: Katherine Berti

Photographs:
Shark illustration on cover logo © BATKA/Shutterstock; white shark illustration for "FROM THE FILES" © Dashikka/Shutterstock; Cover photo © Andrea Izzotti/ Shutterstock; page 3 © Carlos Grillo/istock; page 5 (top) © Divepic/istock, (bottom) © izanbar/istock; page 6 © Matthew R McClure/Shutterstock; page 7 © June Jacobsen/istock; page 9 (photo) © 97420280/Shutterstock, (illustration) © Bullet_Chained/istock; page 11 (tractor) © Valentin Valkov/Shutterstock, (shark) © Divepic/istock; page 13 © Leonardo Gonzalez/Shutterstock; page 14 (photo only) © Valerijs Novickis/Shutterstock; page 15 © dangarneau/istock; page 17 © Fiona Ayerst/Shutterstock; page 19 © FionaAyerst/istock; page 21 © June Jacobsen/ istock; page 22 (top) © Doucefleur/istock, (middle) © Shahar Shabtai/Shutterstock; page 23 (top) © Anastasia Deriy/istock

Library and Archives Canada Cataloguing in Publication
Title: Tiburones toro / Julie K. Lundgren ; traducción de Sophia Barba-Heredia.
Other titles: Bull sharks. Spanish
Names: Lundgren, Julie K., author. | Barba-Heredia, Sophia, translator.
Description: Series statement: Los archivos del tiburón | Translation of: Bull sharks. | Includes index. | "Un libro de el semillero de Crabtree". | Text in Spanish.
Identifiers: Canadiana (print) 20210258608 | Canadiana (ebook) 20210258616 | ISBN 9781039621145 (hardcover) | ISBN 9781039621206 (softcover) | ISBN 9781039621268 (HTML) | ISBN 9781039621329 (EPUB) | ISBN 9781039621381 (read-along ebook)
Subjects: LCSH: Bull shark—Juvenile literature.
Classification: LCC QL638.95.C3 L86218 2022 | DDC j597.3/4—dc23

Library of Congress Cataloging-in-Publication Data
Names: Lundgren, Julie K., author.
Title: Tiburones toro / Julie K. Lundgren ; traduccion de Sophia Barba-Here
Other titles: Bull sharks. Spanish
Description: New York : Crabtree Publishing, [2022] | Series: Los archivos del tiburon - un libro el semillero de Crab | Includes index. | Audience: Ages 5-7 (provided by Crabtree Publishing) | Audience: Grades K-1 (provided by Crabtree Publishing)
Identifiers: LCCN 2021031677 (print) | LCCN 2021031678 (ebook) | ISBN 9781039621381 | ISBN 9781039621145 (hardcover) | ISBN 9781039621268 (ebook) | ISBN 9781039621329 (epub) | ISBN 9781039621206 (paperback)
Subjects: LCSH: Bull shark--Juvenile literature
Classification: LCC QL638.95.C3 (ebook) | LCC QL638.95.C3 L86518 2022 (print) | DDC 597.3/4--dc23
LC record available at https://lccn.loc.gov/2021031677

Crabtree Publishing Company
www.crabtreebooks.com 1-800-387-7650

In Canada: We acknowledge the financial support of the Government of Canada through the Canada Book Fund for our publishing activities.

Published in the United States
Crabtree Publishing
347 Fifth Avenue
Suite 1402-145
New York, NY, 10016

Published in Canada
Crabtree Publishing
616 Welland Ave.
St. Catharines, Ontario
L2M 5V6

Printed in the U.S.A./092021/CG20210616